Charanpreet Kaur

Teste organolético do mosto de uvas com conservante natural (Resveratrol)

AF671640

Charanpreet Kaur

Teste organolético do mosto de uvas com conservante natural (Resveratrol)

ScienciaScripts

Imprint
Any brand names and product names mentioned in this book are subject to trademark, brand or patent protection and are trademarks or registered trademarks of their respective holders. The use of brand names, product names, common names, trade names, product descriptions etc. even without a particular marking in this work is in no way to be construed to mean that such names may be regarded as unrestricted in respect of trademark and brand protection legislation and could thus be used by anyone.

Cover image: www.ingimage.com

This book is a translation from the original published under ISBN 978-3-659-82086-1.

Publisher:
Sciencia Scripts
is a trademark of
Dodo Books Indian Ocean Ltd. and OmniScriptum S.R.L publishing group

120 High Road, East Finchley, London, N2 9ED, United Kingdom
Str. Armeneasca 28/1, office 1, Chisinau MD-2012, Republic of Moldova, Europe
Printed at: see last page
ISBN: 978-620-8-31888-8

Copyright © Charanpreet Kaur
Copyright © 2024 Dodo Books Indian Ocean Ltd. and OmniScriptum S.R.L publishing group

CONHECIMENTO

Gostaria de expressar os meus sinceros agradecimentos ao orientador Ing. Pavel Novy, Ph.D. Estou-lhe grato pela partilha dos seus conhecimentos, pela orientação sincera e valiosa e pelo encorajamento que me deu ao longo da tese.

Aproveito esta oportunidade para expressar a minha gratidão a todos os membros do Departamento pelo seu apoio. Estou grato ao Diretor da Faculdade e ao Chefe de Departamento por me terem proporcionado todas as facilidades necessárias para a investigação.

Estou extremamente grato à professora, Sra. Koufimska, pelo seu apoio e atenção ao meu trabalho, por permitir e realizar a experiência. Estou também grato aos membros do pessoal do laboratório pela sua ajuda na realização das experiências.

Agradeço a Deus a saúde e o bem-estar que foram necessários para a realização desta tese.

Agradeço também ao meu marido, Ing. Pawan Kumar Pathak, pelo seu encorajamento, apoio e atenção durante todo o meu projeto.

Por último, mas não menos importante, gostaria de expressar a minha gratidão a todos os avaliadores que provaram as amostras durante a sua palestra.

Resumo

Os sumos de fruta são de grande importância nos dias de hoje. Para além da pasteurização, são por vezes fortificados com conservantes como dióxido de enxofre, benzoatos e outros conservantes. Os conservantes sintéticos podem causar impactos negativos nos seres humanos, como dores de cabeça, vómitos, reacções alérgicas, etc. Como alternativa a estes, os compostos antimicrobianos derivados de plantas podem ser implementados como alternativa parcial ou total às técnicas de conservação convencionais. No entanto, para além do seu potencial de conservação, é necessário avaliar o seu possível impacto nos parâmetros sensoriais e, por conseguinte, na aceitabilidade dos consumidores.

Neste estudo, o resveratrol foi adicionado ao mosto de vinho e examinado por um painel de avaliadores através do teste do triângulo, a fim de determinar a capacidade dos juízes para distinguir as amostras fortificadas do mosto sem resveratrol. Concluiu-se que os avaliadores não foram capazes de distinguir as duas amostras, o que indica que, no que respeita ao sabor, o resveratrol seria aceitável para os potenciais consumidores como conservante

Palavras-Chave: aditivos alimentares; mosto de uva; conservantes; análise sensorial; dióxido de enxofre; resveratrol

ÍNDICE DE CONTEÚDOS

1. Introdução

Os sumos de fruta têm uma quantidade equilibrada de nutrientes, açúcar, gorduras e sal. Quando consumidos em maior quantidade, estão associados a um menor risco de doença coronária, doença de Alzheimer, cancro da próstata, etc. Hoje em dia, as famílias são muito ocupadas e as mães trabalham sobretudo, pelo que não têm tempo para cozinhar alimentos nutritivos ou fazer sumos caseiros. Os sumos acabados de espremer são os melhores para a saúde. A pasteurização é uma alternativa para o conservar durante mais tempo e consumi-lo mais tarde. No entanto, estes produtos não satisfazem todas as necessidades de um consumidor saudável devido à perda de nutrientes na sua dieta saudável (10).

As uvas têm uma relação estreita com a humanidade desde a Idade do Bronze. Atualmente, as uvas também são cultivadas em regiões temperadas e tropicais. São sobretudo utilizadas na Europa (Hui Y.H. et al, 2006)

Os extractos fenólicos antimicrobianos de plantas podem ser utilizados como alternativa parcial ou total aos sulfitos. Os vinhos, quando tratados com extractos fenólicos antimicrobianos, permaneceram microbiologicamente estáveis, mesmo durante o envelhecimento em barris de madeira, tal como foi referido por Rompinelli E.M.G., 2013. Assim, nesta tese, tentámos os efeitos dos antimicrobianos nas bebidas de fruta, ou seja, no mosto de uva, esperando que não afectem o sabor e o aroma para os consumidores. Os perfis voláteis e fenólicos do vinho branco Verdejo permanecem significativamente inalterados, pelo que escolhemos o mosto de uvas brancas para a nossa experiência. Os vinhos tratados com estes extractos até agora não mostraram qualquer diferença significativa nos métodos sensoriais a nível global. O nosso ensaio tem como objetivo incentivar as indústrias a produzir mais produtos deste tipo, uma vez que isso pode abrir as suas portas para o mercado internacional (Rompinelli E.M.G. et al, 2013).

Esta tese discute o prazo de validade dos sumos de fruta. Os factores que afectam o seu prazo de validade prolongado e que não podem ser consumidos durante alguns dias ou semanas após a abertura da garrafa. Os conservantes sintéticos afectam a saúde humana e as pessoas estão viciadas no seu sabor e doçura. Esta tese prova que os aditivos naturais são mais saudáveis e que ainda não são utilizados em sumos de uva, mostos ou vinhos.

Comprovámos assim que é bom utilizar conservantes naturais, como o reseveratrol, em produtos à base de uva para prolongar o prazo de validade e ter uma vida mais saudável com menos atividade antioxidante e menos atividade microbiana no mosto de uva ou noutros produtos.

2. Objetivo do trabalho

O objetivo desta tese é tratar da avaliação sensorial de bebidas de fruta quando tratadas com conservantes naturais, no nosso caso utilizámos o resveratrol. O objetivo é ver se faz alguma diferença para os consumidores em termos de aparência, consistência, sabor, aroma e cor. Tentámos realizar este teste através do método de discriminação da avaliação sensorial - teste triangular. Neste teste, escolhemos painéis não treinados para obter melhores resultados, esperando que as amostras não tenham impacto na saúde. Foram apresentados aos membros do painel dois conjuntos de 3 amostras, das quais duas eram semelhantes e uma era diferente. O teste foi repetido duas vezes, de modo a obter mais resultados para obter melhores resultados estatísticos. As amostras dadas ao painel não treinado eram mosto de uva puro 100 % biológico e à outra amostra, o mesmo mosto foi adicionado com resveratrol de concentração 200 pg/ml preparado por um grupo de estudantes de doutoramento na CZU, Praga.

A parte teórica da tese trata da composição das uvas, dos diferentes conservantes utilizados atualmente no mercado e da forma como afectam a saúde humana. Este trabalho também provou que os aditivos sintéticos têm algum impacto negativo na saúde, enquanto os aditivos naturais não têm, até e a menos que não sejam tomados em doses excessivas ou mais do que o recomendado. A parte da literatura desta tese explica algumas normas ISO utilizadas na Europa para a avaliação sensorial - Metodologia para o teste triangular ISO 4120:2004; método de investigação do gosto sensível da ISO 3927: 2011 e ISO 3591: 1977 para aparelhos em copo de prova de vinho.

Os resultados obtidos pelos membros do painel sem formação foram comparados com os nossos códigos, ou seja, o código do copo e a ordem da sua apresentação. O número de respostas corretas e erradas foi contado com uma probabilidade de 99%. O número de respostas corretas obtidas na experiência foi comparado com a nossa tabela de referência no livro - Senzoricka analyza potravin, Lab book. A nossa referência para as respostas corretas foi n=17 para um número total de avaliadores de N=30. Se o número de respostas corretas for inferior a n=17, então as nossas amostras são estatisticamente insignificantes. Isto pode dever-se ao facto de os avaliadores não terem conseguido distinguir qualquer diferença entre as três amostras. Esta investigação pode abrir novas oportunidades para as indústrias produzirem mais sumos com aditivos naturais em vez de utilizarem conservantes sintéticos.

3. Visão geral da literatura

3.1 Bebidas de fruta e prazo de validade

As frutas e os legumes têm elevadas concentrações de compostos bioactivos, incluindo antioxidantes, que são benéficos para a saúde. As novas tendências conduziram a uma vida mais saudável e mais cómoda para os consumidores. Os produtos alimentares que reivindicam uma capacidade funcional para promover a saúde, indo além do fornecimento geral de nutrientes essenciais, são aceites pelos consumidores e podem resultar numa diminuição da mortalidade e numa melhor qualidade de vida da população (Trujillo, 2011). Desta forma, as novas bebidas funcionais à base de sumos de fruta são cada vez mais populares devido aos seus benefícios para a saúde. O mercado dos alimentos e bebidas funcionais tem registado um rápido crescimento nos últimos anos, o que representa uma oportunidade para produzir novos produtos e inovar, tanto para a indústria alimentar como para a comunidade científica. Atualmente, assiste-se a uma menor utilização de conservantes químicos que têm efeitos adversos nos seres humanos, pelo que as leveduras são utilizadas por prolongarem o prazo de validade (Pimenta, 2009).

O sumo de uva é apelativo para o paladar humano devido à sua composição que contém doçura, acidez e sabores. As uvas também são utilizadas para produzir geleias e sumo, que é enchido em garrafas e utilizado como adoçante natural. No entanto, a produção mundial de sumo de uva é menor do que a de vinho ou de uvas de mesa. Atualmente, as uvas são utilizadas recentemente devido aos seus benefícios para a saúde, uma vez que são uma fonte natural de fenólicos extraíveis com propriedades antioxidantes. Na maior parte das vezes, os compostos fenólicos são extraídos do material durante a transformação das uvas ou dos mostos. Estes são consumidos como suplemento nutricional ou utilizados para apoiar as propriedades antioxidantes dos alimentos. O sumo de uva é agora utilizado como ingrediente de fruta porque tem a vantagem da doçura em comparação com outros produtos na forma natural. Geralmente, as uvas brancas são utilizadas como adoçantes e as uvas vermelhas para dar cor.

Figura 1 Prensagem das uvas para a produção de mosto

O sumo de uva adoçado e os concentrados de uva diluídos podem ser rotulados como sumo a 100 %. A maior parte é utilizada como aditivo alimentar. A cor e o sabor do sumo são afectados pela temperatura elevada, pelo que esta deve ser adequada para que os organismos indesejados sejam mortos e a qualidade do sumo não seja afetada (Creasy G.L., Creasy L.L., 2009).

3.1.1 Segurança alimentar

As doenças transmitidas por alimentos em frutos e produtos hortícolas transformados têm aumentado desde os anos oitenta, pelo que é necessário controlá-las atualmente. Salmonella, Vertotoxigenic, E.coli e vírus como o da hepatite A são alguns dos agentes patogénicos comuns transmitidos pelos alimentos aos seres humanos. Alguns deles, quando tratados pelo calor, continuam a ser patogénicos, como o Clostridium e o Bacillus. Multiplicam-se em número e produzem toxinas e causam doenças. Através de uma pressão hidrostática elevada, a E.coli e a Salmonella podem ser mortas (NguyenT.H., 2012).

Figura 2 Segurança alimentar

3.1.1.1 Aflatoxinas

Está presente nos frutos, mas quando é utilizada para fazer sumos ou mostos, é transferida para os seres humanos e torna os alimentos pouco saudáveis. A aflatoxina é carcinogénica para os seres humanos. (Bates R.P. et al, 2001) É produzida pelo fungo Aspergillus flavis, um bolor que se encontra nos amendoins e na manteiga de amendoim. Os amendoins são também uma óptima fonte de resveratrol. Algumas fontes de aflatoxina são o leite, o queijo, o milho, os amendoins e as sementes de algodão, as nozes, as amêndoas, os figos, as especiarias, os alimentos para animais e os produtos à base de carne. Os produtos animais podem ser contaminados quando consomem alimentos contaminados com aflatoxina. O risco mais elevado de aflatoxina provém do milho, dos amendoins e das sementes de algodão. A sua extensão de contaminação varia consoante a localização geográfica e as práticas agrícolas do amendoim. É suscetível de entrar durante a colheita, o armazenamento ou a transformação. Atualmente, têm merecido mais atenção do que as micotoxinas devido ao seu potente efeito carcinogénico e aos efeitos tóxicos agudos nos seres humanos. Devido à aflatoxicose nos seres humanos, foram registadas muitas síndromes em todo o mundo. Estas síndromes caracterizam-se por vómitos, dores abdominais, edema pulmonar, coma, convulsões, morte com edema cerebral e envolvimento de gorduras no fígado, rins e coração. Devido aos seus efeitos carcinogénicos, o IARC colocou a aflatoxina B1 na lista de carcinogéneos humanos em 1988 (11).

3.1.1.2 Contaminantes químicos

Os resíduos de pesticidas não são seguros para a saúde humana. Alguns dos contaminantes químicos, de acordo com a FDA, são a acrilamida, o benzeno, as dioxinas, os PCB, o carbamato de etilo, o furano, a melamina, o perclorato, os radionuclídeos, os elementos tóxicos nos géneros alimentícios, os pesticidas, as toxinas naturais, os metais, etc. A FDA (Food and Drug Administration) encontrou, em 14 de junho de 2012, carbendazim em produtos de sumo de laranja durante a atualização da amostragem. Trata-se de um fungicida presente em níveis baixos em alguns sumos de laranja importados do Brasil. Mais tarde, foram tomadas várias medidas devido à adição deste resíduo de pesticida ilegal e solicitadas medidas para o retirar dos sumos domésticos comerciais.

A existência de metais como o arsénio, que está presente no ambiente de forma natural, é um resultado da contaminação para os seres humanos. Encontra-se na água, no ar, nos alimentos e no solo em formas orgânicas e inorgânicas. A FDA mede o teor de arsénio nos sumos desde 1991.

Figura 3 Arsénio na forma natural

O chumbo é também um elemento tóxico presente no ambiente em pequenas quantidades e é exposto aos seres humanos através da ingestão diária, como a inalação de poeiras, a ingestão de alimentos e a ingestão de água. Outro contaminante é o chumbo, presente no ambiente através do solo. O chumbo presente no solo é absorvido pelas plantas e depois entra no ser humano. É aconselhável lavar os alimentos antes de os consumir. O chumbo pode afetar vários sistemas do corpo, como o sistema nervoso, os rins e o sistema imunitário. Quando as crianças são expostas a uma pequena quantidade de chumbo, isso leva a uma redução do QI, a uma função cognitiva prejudicada, a dificuldades de comportamento e a outros problemas. 1 ppm ou 100ppb é o limite para o consumo de chumbo por crianças em rebuçados. De acordo com a FDA dos EUA, é permitido um máximo de 50 ppb de chumbo nos sumos de fruta.

Figura 4 Moeda de elemento, um exemplo de chumbo

O mercúrio é outro contaminante químico que consta da lista da FDA. Encontra-se maioritariamente nos peixes - peixes-tartaruga do Golfo do México, tubarões, peixes-espada e carapau. Os peixes absorvem o metilmercúrio da sua alimentação. O teor de mercúrio aumenta no interior dos peixes, especialmente nos peixes maiores e com grande longevidade. O metilmercúrio está presente nos tecidos do peixe, pelo que a limpeza e a cozedura não reduzem a sua quantidade. Mas a remoção da pele, da gordura do ventre e dos órgãos internos e a posterior cozedura podem ajudar a reduzir a ingestão de metilmercúrio. O peixe é uma excelente fonte de ácidos gordos ómega 3 e de vitamina D. As suas proteínas de alta qualidade, vitaminas e minerais são bons para as mulheres grávidas, para o crescimento e desenvolvimento da criança e mesmo durante a amamentação, sendo necessário o consumo de peixe nos bebés e na infância. Por isso, recomenda-se que as crianças com menos de seis anos comam 1 a 2 onças de peixe por semana2 e as crianças entre os 6 e os 12 anos comam 3 onças de peixe por semana. (11)

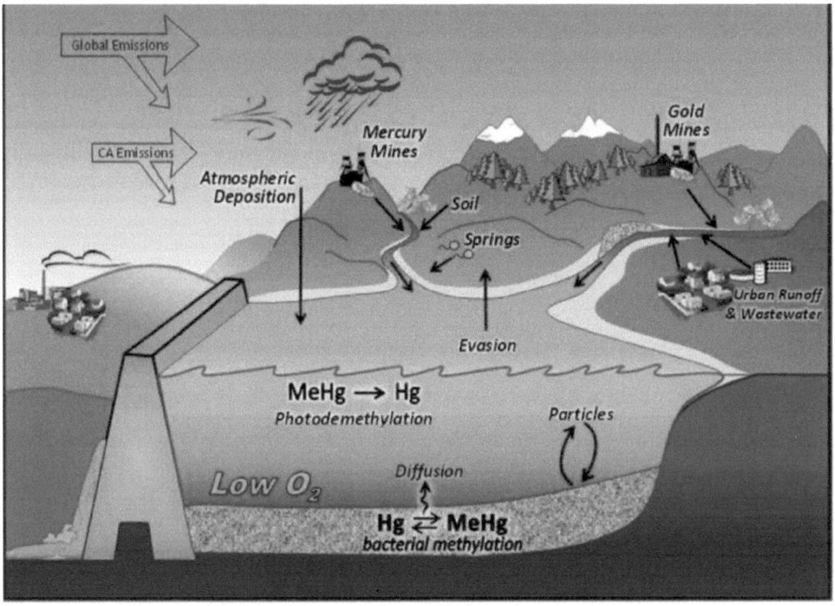

Figura 5 Fontes de metilação do mercúrio

3.1.2 Factores que afectam o prazo de validade das bebidas de fruta

Na segurança dos sumos, é importante conhecer os seus perigos e resultados, de modo a aplicar métodos adequados em função das concentrações de sumo, pH, doçura, composição, etc. Os principais factores que afectam o prazo de validade são: - Atividade de oxidação e deterioração microbiana

3.1.2.1 Atividade de oxidação

A oxidação ocorre quando as paredes celulares se rompem e produzem oxigénio. Por exemplo, quando uma maçã é cortada, torna-se castanha, o que se chama oxidação. Em geral, a oxidação não afecta a qualidade do sumo, mas alguns dos seus nutrientes são afectados. Recomenda-se beber sumos frescos assim que são feitos [3]. Os polifenóis são normalmente oxidados por enzimas quando as plantas sofrem danos físicos. Este processo envolve a redução de moléculas de oxigénio para gerar anião superóxido e peróxido de hidrogénio, que actuam como moléculas defensivas. A carnosina e a quercetina são alguns antioxidantes que protegem a descoloração e impedem a formação de ácido tiobarbitúrico. O resveratrol é também um dos antioxidantes, uma vez que inibe a atividade da desoxigenase da lipoxigenase e actua reduzindo a lipoxigenase à sua forma inativa (Bekhit A.E.D., 2003). A oxidação também pode ocorrer quando o oxigénio é dissolvido nos sumos durante a embalagem ou o processamento, o que provoca o escurecimento do sumo e reduz a qualidade e os nutrientes. Os alimentos ricos em antioxidantes, como os polifenóis, são normalmente fontes vegetais que constituem uma adição positiva à dieta humana (Beard P.C.W., 2011).

3.1.1.2 Deterioração microbiana

A contaminação microbiana resulta na sobrevivência ou crescimento de agentes patogénicos. Posteriormente, conduz a uma rápida deterioração da bebida. Os sumos contêm água, açúcares, ácidos orgânicos, vitaminas e outros oligoelementos, proporcionando assim um ambiente ideal para a deterioração microbiana. As leveduras são encontradas principalmente devido à sua elevada tolerância aos ácidos e à capacidade de muitas delas crescerem anaerobicamente, o que resulta na produção de CO_2 , na formação de sabores e sabores estranhos. *Pichia, Candida, Rhodotorula* e *Saccharomyces* são os géneros de microrganismos que se encontram principalmente nos sumos estragados.

A Zygosaccharomyces é a principal levedura de deterioração porque é resistente aos ambientes de stress e aos conservantes (Santos &Marquina, 2004; Santos et al.2009). É muito tolerante às condições de alto teor de açúcar e resistente aos níveis de sulfito e sorbato inibitórios para outras leveduras e bactérias (F.Esch, 1992). A sua contaminação provoca a refermentação, a turvação e a produção de CO2 nos vinhos doces ou nos concentrados de sumo de uva sem produzir caracteres estranhos. *O Zygosaccharomyces* pode ser inactivado nos vinhos, mostos e sumos de uva por toxinas killer e metabissulfito através da redução dos níveis de Metabissulfito de Potássio. As toxinas killer produzidas por *Pichia membranifaciens* são agentes anti-poilagem em alimentos e bebidas quando colocadas em limitações à sua estabilidade a factores físico-químicos. As toxinas killer controlam as leveduras indesejáveis na vinificação, pelo que são valiosas para controlar as leveduras de deterioração do vinho, tais como *Brettanomyces bruxellensis, Hanseniaspora uvarum e Saccharomycodes ludwigii.*

3.1.3 Problemas e soluções da UE

Os conservantes são necessários para garantir que os alimentos permaneçam seguros e intactos. O número crescente de intoxicações alimentares a nível mundial estimulou a sensibilização do público para a segurança alimentar. O custo anual dos cuidados de saúde para detetar agentes patogénicos de origem alimentar, como *a Listeria monocytogenes, a E.coli e a Salmonella*, foi de 5 a 6 mil milhões de euros por ano. No entanto, a utilização excessiva de conservantes suspeitos de toxicidade carcinogénica, tartogénica ou residual constitui um problema para o consumidor europeu desde há muito tempo. Os agentes patogénicos estão a tornar-se resistentes às doenças de origem alimentar. A indústria alimentar e as autoridades europeias têm de alertar os consumidores para a segurança e a qualidade dos alimentos (Anastasiadi M., 2009).

Os consumidores precisam de ser informados de que os alimentos com aditivos sintéticos nem sempre são seguros. Para se livrarem de tais problemas, precisam de mudar para aditivos naturais. É igualmente necessário desenvolver novos tipos de métodos de conservação, utilizar compostos não tóxicos e inofensivos e adotar alternativas/conservantes naturais para garantir a segurança dos consumidores e aumentar o prazo de validade dos produtos (Anastasiadi M., 2009).

3.2 Técnicas de conservação

Os conservantes são substâncias que mantêm as bebidas com um aspeto fresco, um sabor mais prolongado e prolongam o prazo de validade, impedindo-as de apodrecer demasiado depressa (Eunice B., 2015). Os antimicrobianos naturais em combinação com os conservantes facilitam a substituição dos produtos químicos na conservação dos alimentos. Os conservantes químicos nunca devem ser adicionados em forma sólida aos sumos de fruta. Devem ser primeiro dissolvidos numa pequena quantidade de sumo/água e depois incorporados no sumo a granel (Gupta, 1993).

Os conservantes na UE são rotulados com o número E. Os números E variam entre -

- E 100-199 são corantes,
- E 200-299 são conservantes,
- E 300-399 são antioxidantes e reguladores de acidez,
- Os aditivos E 400-499 são espessantes, estabilizadores e emulsionantes,

- E 500-599 são reguladores de pH e agentes antiaglomerantes,
- E 600-699 são intensificadores de sabor,
- E 700-799 são antibióticos
- E 900-999 são diversos e
- E 1100-1599 são produtos químicos adicionais

3.2.1. Pasteurização

Os alimentos líquidos têm sido tradicionalmente preservados por tratamentos térmicos, como a pasteurização, para evitar a deterioração por microrganismos e a contaminação por agentes patogénicos. No entanto, este tratamento leva à perda de compostos saudáveis e propriedades sensoriais dos alimentos (Roque et.al, 2015). A pasteurização é feita 2 vezes nos sumos. A pasteurização primária é feita após a extração do sumo a 95-98^{0} C durante 10-30 segundos. O principal objetivo é inativar as enzimas. A segunda pasteurização é feita antes de encher o sumo num recipiente para sumos com pH <4,2 a 95^{0} C durante 15 segundos. O principal objetivo da segunda pasteurização é destruir os contaminantes reproduzidos no armazenamento a granel antes da embalagem. Após este método, o sumo pode ser consumido até várias semanas após a abertura das garrafas. (7)

3.2.2. Utilização de um agente de conservação biológico

A Scapania. nemorea (um extrato de hepática) tem atividade antimicrobiana contra microrganismos patogénicos e de deterioração de origem alimentar e, quando combinada com o calor, controla a levedura de deterioração *Saccharomyces cerevisiae* em alimentos como a maçã e as bebidas à base de laranja (Bukvicki D., 2014). As espécies de Scapania podem ser utilizadas como conservantes naturais. As plantas da família Scapaniaceae foram investigadas quimicamente (Guo et al., 2008) pelas suas propriedades antifúngicas e antitumorais. No entanto, ainda não foi relatada a sua utilização como conservante natural na indústria alimentar.

3.2.3. Conservantes convencionais

A utilização de conservantes convencionais, juntamente com algumas formulações, resiste à deterioração dos sumos. Atualmente, o mundo está a tornar-se amigo do ambiente e é a favor de conservantes alternativos e naturais. Alguns dos seus exemplos são o ácido cítrico, o ácido lático, o ácido ascórbico, o ácido benzoico, os óleos essenciais, os extractos de plantas, incluindo o tomilho e o alecrim. Os ácidos orgânicos e os óleos essenciais não são atualmente adequados para substituir os conservantes convencionais. Um conservante bem sucedido é amplamente eficaz contra bactérias, fungos, leveduras e bolores. Normalmente, as bebidas alimentares têm pH de 2-12, que são susceptíveis a fungos e bactérias, enquanto os ácidos orgânicos são mais eficazes e estão limitados a pH de 2-6. Se apenas os ácidos orgânicos forem utilizados como conservantes, haverá uma grande diferença entre produtos neutros e alcalinos.

Os conservantes convencionais são normalmente adicionados a <0,1 % do ingrediente ativo; em contrapartida, os conservantes naturais devem ser > 1% para atingir a eficácia antimicrobiana e para um bom desempenho em termos de viscosidade, odor, cor, pH, etc.

3.2.3.1. Corantes

De E100-109 são amarelos, 110-119 são laranjas, 120- 129 são vermelhos, 130-139 são azuis e violetas, 140 -149 são verdes, 150 -159 são castanhos e pretos, 160 -199 são dourados e outras cores. Os corantes habitualmente utilizados são a curcumina, a riboflaína, a alcanina, as clorofilas e o índigo carmim.

3.2.3.2. Antioxidantes

Alguns exemplos de antioxidantes são: ácido ascórbico (vitamina C), ascorbato de sódio, ascorbato de cálcio, extractos de alecrim, citrato de isopropilo, etc. A vitamina C é um nutriente essencial para a biossíntese do colagénio e de certas hormonas. O seu consumo pode reduzir o risco de cancro e de doenças cardiovasculares. Por outro lado, tem sido relatado que as dietas ricas em compostos fenólicos estão correlacionadas com a diminuição das doenças neurodegenerativas e de alguns tipos de cancro. Além disso, ambos os tipos de compostos bioactivos são bons contribuintes para a atividade antioxidante dos alimentos (Roque et.al, 2015).

3.2.3.3. Conservantes

Um conservante amigo do ambiente só é praticamente bom se a sua formulação não se desfizer no produto. A utilização de alternativas naturais para a conservação não é tão simples como a substituição de um ingrediente, uma vez que existem muitos problemas para manter os produtos seguros, eficazes e estáveis, isentos de contaminação microbiana (12). Os conservantes habitualmente utilizados na UE são os seguintes no quadro 1

Ácido benzoico (benzoatos) - A sua quantidade depende da acidez do sumo. Verificou-se que o sumo com pH 3,5-4,0; 0,06-0,1% de benzoato de sódio (um sal de ácido benzoico) é suficiente, mas em sumos menos ácidos, como o sumo de uva, 0,3% é suficiente (Gupta, 1993).

Quadro 1 Conservantes com números E compreendidos entre E 200 e E 299

Code	Names	Code	Names	Code	Names	Code	Names
E200	Sorbic acid	E220	Sulphur dioxide	E236	Formic acid	E265	Dehydroacetic acid
E201	Sodium sorbate	E221	Sodium sulphite	E237	Sodium formate	E266	Sodium dehydroacetate
E202	Potassium sorbate	E222	Sodium bisulphite	E238	Calcium formate	E270	Lactic acid
E203	Calcium sorbate	E223	Sodium metabisulphite	E239	Hexamine	E280	Propionic acid
E209	Heptyl p-hydroxybenzoate	E224	Potassium metabisulphite	E240	Formaldehyde	E281	Sodium propionate
E210	Benzoic acid	E225	Potassium sulphite	E242	Dimethyl dicarbonate	E282	Calcium propionate
E211	Sodium benzoate	E226	Calcium sulphite	E249	Potassium nitrite	E283	Potassium propionate
E212	Potassium benzoate	E227	Calcium hydrogen sulphite	E250	Sodium nitrite	E284	Boric acid
E213	Calcium benzoate	E228	Potassium hydrogen sulphite	E251	Sodium nitrate	E285	Sodium tetraborate
E214	Ethylparaben	E230	Biphenyl, diphenyl	E252	Potassium nitrate	E290	Carbon dioxide
E215	Sodium ethyl para-hydroxybenzoate	E231	Orthophenyl phenol	E260	Acetic acid	E296	Malic acid
E216	Propylparaben	E232	Sodium orthophenyl phenol	E261	Potassium acetate	E297	Fumaric acid
E217	Sodium propyl para-hydroxybenzoate	E233	Thiabendazole	E262	Sodium acetates		
E218	Methylparaben	E234	Nisin	E263	Calcium acetate		
E219	Sodium methyl para-hydroxybenzoate	E235	Natamycin, Pimaracin	E264	Ammonium acetate		

3.2.3.4. Dióxido de enxofre SO2 (sulfitos)

SO_2 , um aditivo alimentar na Europa é marcado com o número "E", variando entre E 220 e E 228, como o dióxido de enxofre (E 220), o sulfito de sódio (E 221), o hidrogenossulfito de sódio (E 222), o metabissulfito de sódio (E 223), o metabissulfito de potássio (E 224), o sulfito de cálcio (E 226), o hidrogenossulfito de cálcio (E 227) e o hidrogenossulfito de potássio (E 228)[4].

Figura 6 - Vinho com sulfitos

Os sumos de fruta podem ser conservados até um ano com metabissulfito de potássio, uma fonte de dióxido de enxofre, adicionando 0,1% de ácido sulfuroso e armazenando os recipientes a 15^0 C. Retarda a oxidação, evita a descoloração e a perda de sabor (Gupta, 1993). É útil para as uvas colhidas mecanicamente, que se deterioram rapidamente (Creasy G.L., Creasy L.L., 2009). O SO_2 é um bom conservante para proteger os vinhos das alterações devido aos seus efeitos anti-oxidantes e antimicrobianos contra as bactérias do ácido lático. Mas as suas concentrações elevadas resultam em riscos para a saúde humana, como dores de cabeça, reacções alérgicas, fadiga, asma e prurido (Roque, 2015).

- Impacto negativo do SO2 - Foram registadas reacções alérgicas em algumas pessoas sensíveis aos sulfitos. A ingestão de quantidades entre 10 e 50 mg de sulfito apresenta sintomas como dermatite, urticária, angioedema, dor abdominal e anafilaxia. As reacções adversas são raras. Os asmáticos têm maior risco de sofrer reacções a alimentos contendo sulfitos. Também provoca a inativação de proto-oncogenes, a inativação de genes supressores de tumores e até mesmo cancro do pulmão. O excesso de SO_2 tem efeitos tóxicos na saúde humana, resultando em dores de cabeça, náuseas e reacções asmáticas. Para reduzir a crescente população microbiana nos mostos, é preferível adicionar 30-50 mg/L de SO_2 . Neste ponto, é ineficaz contra leveduras aeróbias e bactérias lácticas acéticas (Guerreo F.R., 2015). É permitido um limite máximo de SO_2 até 200 mg/L.

Os alimentos com mais de 10 mg/kg ou 10 mg/L não são considerados comercializados (Guerreo F.R., 2015).

3.2.4. Alternativas aos conservantes convencionais

Para comercializar com sucesso no mercado, o sumo é estabilizado por vários métodos

- HIPEF - High Intensity Pulsed Electric Fields (campos eléctricos pulsados de alta intensidade), uma tecnologia não térmica utilizada como alternativa para prolongar o prazo de validade com elevado valor acrescentado. Inativa os microrganismos e as enzimas de deterioração ou patogénicos (Trujillo, 2011).
- HPP - High-pressure Processing, inativa microorganismos e enzimas sem comprometer a qualidade nutricional e sensorial dos alimentos (Roque et.al, 2015).
- A radiação UV, os ultra-sons e as bacteriocinas, o dicarbonato de dimetilo e a utilização de lisozima são outros métodos alternativos.
- Conservantes naturais - Os extractos de plantas antimicrobianos ricos em polifenóis podem ser utilizados como alternativa total/parcial aos sulfitos durante a vinificação. Os consumidores não reconhecem qualquer diferença entre vinhos tratados e não tratados com extractos fenólicos antimicrobianos na vinificação (Eva M. et al, 2013).

3.2.5 Antimicrobianos derivados de plantas

Alguns dos antimicrobianos derivados de plantas discutidos nesta tese são a quercetina, o galato de epigalocatequina, a luteolina, a rutina e o resveratrol.

- Quercetina - É um flavonoide que se encontra em muitos frutos e vegetais, folhas e grãos. É utilizada em suplementos, em alimentos e bebidas como antimicrobiano. Está presente na dieta diária do ser humano e ajuda em actividades biológicas como antioxidante, antiviral, anticancerígena, antimicrobiana e anti-inflamatória. As suas formas derivadas são utilizadas em medicamentos para o tratamento de doenças causadas por stress oxidativo e vírus letais (Maalik A., et al, 2014).

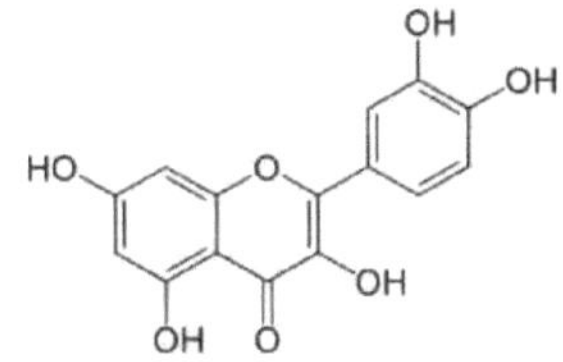

Figura 7 Estrutura química da quercetina

- Rutina - Um artigo de Sanches M.C.et al, 1999, concluiu que os vinhos têm uma atividade antioxidante mais elevada do que os sumos de uva e que os vinhos tintos são os que têm maior atividade entre todos os vinhos. Esta atividade antioxidante foi devida à capacidade de eliminação dos radicais livres. Mediu os principais constituintes polifenólicos em padrões como a rutina, o ácido ferúlico, o ácido tânico, o ácido gálico, o resveratrol, o BHA, a quecetina e o ácido cafeico. Verificou que a atividade de eliminação de radicais livres do ácido gálico era a mais elevada, ao passo que as actividades da rutina, do ácido tânico e do ácido cafeico eram intermédias e a do resveratrol era a mais baixa.

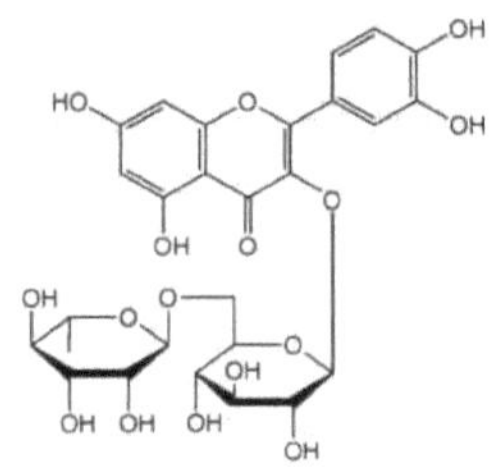

Figura 8 Estrutura química da rutina

- Epigalocatequina galato - Bub A. Et al, 2003 concluíram que os sumos têm efeitos fisiológicos in vitro, incluindo efeitos antioxidantes, imunomoduladores e antigenotóxicos. Com o seu estudo, mostrou que o plasmamalondialdeído diminui com o consumo de sumo. A ingestão de sumo de fruta reduz a atividade de redução dos danos oxidativos no ADN.
- Luteolina - Alguns flavonóides potencialmente anticarcinogénicos, como a quercetina, o kaempferol, a miricetina, a apigenina e a luteolina, são normalmente utilizados em bebidas de fruta. Podem ser detectados por RP-HPLC, deteção UV. Os

teores de flavonóides no vinho branco são inferiores a 1 mg/l. Nos vinhos tintos e no sumo de uva, os níveis de quercetina são inferiores a 5 mg/l. O sumo de limão tem 7mg/l e o sumo de tomate 13mg/l. Na sua análise, não foi encontrada luteolina nos vinhos, sumo de uva, sumo de toranja e sumo de tomate. Nas infusões de chá preto, a quercetina foi encontrada entre 10 e 25 mg/l, o kaempferol entre 7 e 17 mg/l e a miricetina entre 2 e 5 mg/l, como referido por Hertog M.G.L. et al, 1993. Verificaram que o nível de flavonóides nas saquetas de chá era superior ao das folhas de chá soltas.

3.2.5.1. Resveratrol

A uva *(Vitis vinifera)* é considerada a maior fonte de compostos fenólicos entre os diferentes frutos, associados a benefícios para a saúde como antioxidantes naturais, incluindo o resveratrol, as antocianinas, etc. A investigação demonstrou que os polifenóis das uvas proporcionam benefícios para a saúde, tais como a redução da incidência de doenças cardiovasculares, a melhoria da função neuronal com o envelhecimento e as doenças neurodegenerativas, antitumorais, anti-inflamatórias e antimicrobianas. Os compostos fenólicos são absorvidos pelo sistema digestivo humano e entram no sangue com sucesso, sem toxicidade potencial. Encontram-se níveis elevados de compostos fenólicos no vinho, nas sementes e nas peles das uvas, e o vinho seria considerado uma boa fonte de compostos fenólicos da uva por conter níveis elevados de polifenóis potencialmente bioactivos (Enqin X. et al, 2014).

É um membro dos polifenóis naturais que tem efeitos antimicrobianos encontrados na pele das uvas, amendoins e bagas. É utilizado como conservante. Pode também afetar os testes sensoriais. A sua quantidade nas bebidas depende de vários factores, como a variedade da uva, os factores ambientais e os parâmetros de extração. Tem-se verificado uma tendência crescente para aumentar as concentrações de resveratrol e de fenólicos totais na termovinificação através do aumento da temperatura de fermentação, do congelamento do mosto e da maceração prolongada durante o processo de vinificação. No entanto, não foram encontrados dados sobre o reseveratrol em relação a factores como a seleção das leveduras, o escoamento do sumo ou os tratamentos de imersão a frio (Cvejic J., 2015).

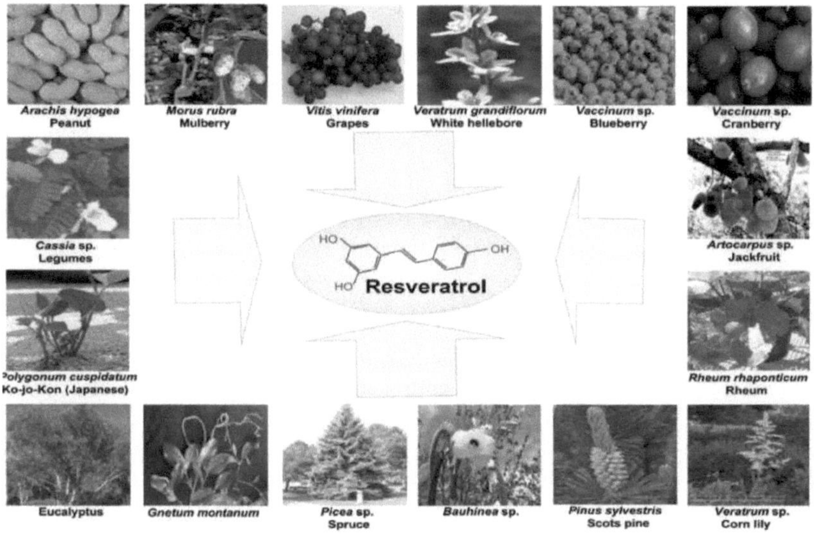

Figura 9 algumas boas fontes de Resveratrol - uvas vermelhas, eucalipto, mirtilos, amendoins, manteiga de amendoim, etc.

3.2.5.1.1, Benefícios do resveratrol

Uma vez que o resveratrol tem propriedades antioxidantes, protege o corpo humano contra os danos associados ao aumento do risco de cancro e de doenças cardíacas. É por esta razão que muitos comerciantes vendem atualmente suplementos de resveratrol (cápsulas extraídas da planta *Polygonum caspidatum).* Outros são fabricados a partir de extractos de vinho tinto ou de uvas. O resveratrol ganhou atenção pelos seus benefícios no combate às doenças, tais como -

- Anti-envelhecimento - Reduz a inflamação.
- Doenças cardíacas - ao impedir a oxidação do LDL (Low Density Lipoprotein) ou mau colesterol, que dificulta a aderência das plaquetas e a formação de coágulos que conduzem ao enfarte.
- Cancro - limitando o crescimento das células cancerígenas
- Doença de Alzheimer - ao proteger as células nervosas de danos e da acumulação de placas que conduzem à doença de Alzheimer (Pasinetti, 2014).
- Diabetes - prevenindo a resistência à insulina. (1)

Figura 10 Soro de noite contendo resveratrol com propriedades anti-envelhecimento

3.2.5.1.2 Efeitos secundários dos suplementos de resveratrol

Até agora, os estudos não descobriram quaisquer efeitos secundários se o resveratrol for tomado em doses mais elevadas. Mas os seus suplementos podem interagir com anticoagulantes e medicamentos como a aspirina e o ibuprofeno, aumentando o risco de hemorragias. Não existe nenhuma recomendação de dosagem nos estudos porque varia de suplemento para suplemento. Nos suplementos normais, estão presentes 250-500 mg de resveratrol. As pessoas podem consumir 2 g ou mais por dia. (2)

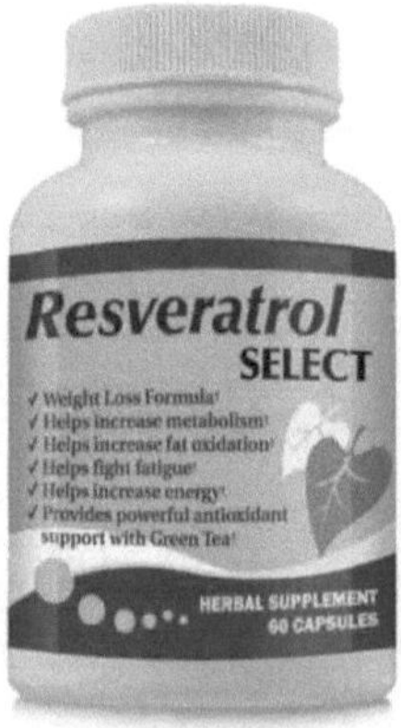

Figura 11 Cápsulas de suplemento de resveratrol

3.3 Efeitos na análise sensorial

Os sumos que contêm conservantes têm efeitos sensoriais como o sabor, o aroma, a textura, o prazo de validade, etc. Os conservantes naturais, quando adicionados em quantidades adequadas, são bons para os sentidos e também benéficos para a saúde. Segue-se uma lista de alguns compostos cujos efeitos provocam alterações sensoriais nas bebidas alimentares.

- Polifenóis - estão relacionados com qualidades sensoriais como a cor, o amargor e a adstringência, que são relevantes no vinho, no chá, no sumo de uva e noutros produtos. Ocorrem naturalmente, variando de ácidos fenólicos simples a taninos polimerizados complexos. A utilização de polifenóis contra a carcinogénese provou ser uma alternativa adequada para fins de prevenção e/ou terapêuticos (Gollucke A.P. et al, 2013).
- As metoxipirozinas (MPs) - MPs são um grupo de compostos presentes nas uvas e nos vinhos, responsáveis pelos aromas "verdes ou vegetativos" em vinhos como Cabernet Sauvigon, Sauvigon Blanc, Bodeuax. Contribuem para as caraterísticas sensoriais dos vinhos. Alguns MPs comuns são: 3-isobutil-2-metoxipirazina, 3-isopropil-2-metoxipirazina e 3- sec-butil-2-metoxipirazina.Os seus teores podem variar devido às práticas de viticultura, exposição à luz, maturação, clima e solo (Sidhu D., 2013).
- Linalol: Acetato de 3-mercaptohexilo - A diferença de aroma na análise sensorial do vinho e das uvas deve-se à relação entre o linalol e o acetato de 3-mercaptohexilo: acetato de 3-mercaptohexilo. Contribui para as notas florais e doces do vinho. (Campo E., 2005).
- Terpenos - São agentes aromatizantes. O seu teor depende das castas, variando entre 500-1700 pg/l. Alguns terpenos comuns são álcoois, aldeídos, hidrocarbonetos, óxidos de mono terpenos, sesquiterpenos. Estão ligados a oligossacáridos sob a forma de glicosídeos inodoros e requerem enzimas glicosidase para libertar os terpenos (Hui Y.H. et al, 2006)

3.3.1 Técnicas de avaliação sensorial

Existem vários tipos de métodos de avaliação sensorial efectuados em diversos produtos alimentares.

3.3.1.1 Teste de discriminação/diferença

Trata-se da forma mais simples e mais sensível de teste. São utilizados para determinar se existe ou não uma diferença num atributo específico entre duas amostras. Uma amostra pode também ser preferida a outra. Infelizmente, este método não permite determinar a dimensão da diferença entre as amostras. Alguns testes de diferença normalmente utilizados são

- Comparação em pares - São comparadas duas amostras, uma das quais tem de ser selecionada (1-caudal) ou, quando se pede preferência, qualquer uma das amostras pode estar correta (2-caudal)
- Teste triangular - apenas uma resposta pode estar correta
- Para controlar a diferença - duo-trio; comparação múltipla

3.3.1.2 Procedimentos de classificação

Neste método, três ou mais amostras são apresentadas ao mesmo tempo, dispostas por ordem de intensidade ou grau de algum atributo, por exemplo: "Classificar A, B e C por ordem crescente de doçura". Este método não é afetado pelo processo de servir, ou seja, amostras codificadas, intervalo entre provas, ordens de apresentação, etc. Infelizmente, este método não dá qualquer informação sobre a dimensão das diferenças entre as amostras. (6)

3.3.1.3 Procedimentos de escala - Os membros do painel definem, utilizando uma escala, a sua perceção, medindo o tamanho do atributo sensorial. Os tipos de escalas podem ser os seguintes

- Verbal - palavras utilizadas para dividir a escala
- Numérico - utiliza números
- Linha / não estruturada
- A disposição da escala pode ser:
    - v unipolar - escala 0-9 ; nenhum- extremo
    - v biploar -extremamente macio -extremamente duro
- Pode ser objetiva ou subjectiva

Escala verbal unipolar (9 pontos) - por exemplo, "Amargura" - nenhum - extremo

□	□	□	□	□	□	□	□	□
none		slight		moderate		very		extreme

Escala numérica unipolar (9 pontos) - "Rancidez" 0-9

0	1	2	3	4	5	6	7	8	9
Absent		slightly			moderately		very		extremely

Unipolar line scales

not sweet	very sweet

Bipolar line scale

__|____|__

extremely smooth	extremely rough

Escala verbal comparativa bipolar (5 pontos) - "Doçura"

□	□	□	□	□
much less than standard	slightly less than standard	the same as standard	slightly more than standard	much more than standard

Nesta tese, utilizámos o teste do triângulo porque é amplamente utilizado na análise alimentar para determinar a diferença entre dois produtos através da deteção sensorial. Os avaliadores devem selecionar a amostra diferente de um grupo de três, duas idênticas e uma diferente. Este método ajudou-nos a ver se os consumidores conseguem percecionar alguma diferença entre o mosto normal e o mosto com aditivo natural, que era o nosso objetivo.

- ISO 4120:2004 - De acordo com a ISO 4120:2004, Análise sensorial, Metodologia para o teste triangular, explica o procedimento para determinar as diferenças sensoriais perceptíveis ou a semelhança entre dois produtos (se existir). É um método de escolha forçada. Aplica-se para determinar se a diferença pode existir num único atributo sensorial ou em vários atributos. Este método destina-se a ser estatisticamente mais eficaz do que outros testes, como o teste duo-trio, mas a sua utilização é limitada no caso de produtos que apresentam fortes sabores de arrastamento. Este método é utilizado quando a diferença entre os produtos é desconhecida, ou seja, não há diferença entre as amostras e não há indicação dos atributos responsáveis pela diferença. É bom para produtos homogéneos. As alterações num produto são provocadas por ingredientes, processamento, embalagem, manuseamento e armazenamento, que podem ser testadas por métodos de análise sensorial (L.L. Rogers, 2010) [5]

- ISO 3972:2011 - Análise sensorial -Metodologia -Método de investigação da sensibilidade do paladar. O objetivo desta norma é ensinar os avaliadores a reconhecer os sabores e a encontrar diferenças entre eles. Ensina os avaliadores a conhecer e a familiarizar-se com os diferentes tipos de testes de limiar (como o limiar de estímulo, o limiar de saciedade, o limiar de reconhecimento , o limiar de diferença) e sensibiliza os avaliadores para a sua própria sensibilidade gustativa. Permite aos supervisores efetuar uma categorização preliminar dos avaliadores. (8)

- ISO 3591:1977 - Análise sensorial - Aparelhos - Copo de prova de vinho - Esta norma internacional especifica as caraterísticas de um copo de prova de vinho a utilizar na análise sensorial de vinhos. Este copo pode ser utilizado para efetuar todos os tipos de testes, como testes simples, análises de perfil, etc., para todas as caraterísticas organolépticas das amostras de vinho, como a cor, a limpidez, a solubilidade, o bouquet, o sabor, etc. (9)

A interpretação estatística deste teste baseia-se na lei binomial com $p = 1/3$ (hipótese nula, ausência de diferenças entre os dois produtos testados). Quando o número de respostas corretas de um teste triangular é igual ou superior ao valor crítico compatível, a um determinado nível de probabilidade, com uma distribuição binomial com o parâmetro 1/3, rejeita-se a hipótese nula e conclui-se que existem diferenças significativas entre as amostras. O valor hipotético de 1/3 do parâmetro binomial é rejeitado, não a natureza binomial dos resultados observados. Isto implica considerar que os avaliadores continuam a ser permutáveis, uma vez que todos eles têm uma probabilidade comum p (superior a 1/3) de dar uma resposta correta (Carbonell et.al, 2007).

4. Materiais e métodos

4.1 Produtos químicos

O resveratrol foi obtido da BDL (Turnov, CZ). Foram utilizados os seguintes produtos químicos como solventes: etanol (Penta, Praga, CZ), dimetilsulfóxido (DMSO) (Lach-Ner, Neratovice, CZ), Tween 80%, polietilenoglicol (PEG) e ciclodextrina (vsechny Sigma-Aldrich, Praga, CZ). Para a análise por HPLC, foram utilizados acetonitrilo e acetona (Merc, Praga, CZ), ácido ortofosfórico (Lach-Ner, Neratovice, CZ) e água desionizada.

4.2 Solubilidade do resveratrol

O resveratrol isolado apresentou uma solubilidade muito baixa em mosto. Por conseguinte, foram utilizados vários solventes (etanol, DMSO, Tween 80% e PEG) para tentar aumentar a solubilidade do resveratrol. Como último passo, tentou-se aumentar a solubilidade do resveratrol utilizando um complexo de inclusão com ciclodextrina.

4.2.1 Complexo de resveratrol com ciclodextrina

O complexo de inclusão P-ciclodextrina-resveratrol foi preparado no Departamento de Produção Vegetal utilizando um método de co-precipitação (Bhandari et al. 1998). Dissolveram-se 500 mg de P-ciclodextrina em água destilada (15 ml) a 60 °C. Em seguida, a solução foi arrefecida a 40 °C e o resveratrol em etanol foi adicionado lentamente durante agitação contínua. No total, 100 mg de resveratrol foram introduzidos no complexo. O recipiente foi então selado e agitado durante 3 h e refrigerado durante a noite a 4 °C. O precipitado frio foi recuperado por filtração a vácuo e lavado com 1,5 ml de água destilada, sendo depois seco a 75 °C numa estufa de vácuo durante 24 h. O pó final do complexo seco foi armazenado em exsicadores de vidro herméticos à temperatura ambiente.

4.2.2 Análise por HPLC

Para examinar a eficácia da formação do complexo de ciclodextrina, o teor de resveratrol no complexo foi testado por cromatografia líquida de alta eficiência utilizando a cromatografia líquida LC500 (INGOS, Praga, CZ) equipada com um detetor UV-vis e uma coluna RP-18e (5 pg). A temperatura da coluna foi regulada para 24°C, foi injetado um volume de amostra de 20 pL e utilizou-se acetonitrilo a 25% em água (ajustado a pH 3 com ácido ortofosfórico) como fase móvel, com um fluxo constante de 1,5 ml/min e eluição isocrática. A medição foi efectuada no comprimento de onda de 306 nm. A análise foi efectuada no Departamento de Qualidade dos Produtos Agrícolas. A quantificação foi avaliada utilizando uma curva de calibração linear.

4.3 Preparar amostras

Um copo cheio de sumo transparente era Malverina, um mosto de uva biológico comprado num supermercado da República Checa. O segundo copo continha mosto de uva com resveratrol a uma concentração de 200 mg/L. O resveratrol foi dissolvido em PEG antes de ser adicionado ao mosto, sendo que a concentração final de PEG no mosto foi de 0,5%. A amostra de mosto era 100% biológica e não proliferada, produzida na República Checa. As composições escritas na garrafa eram as seguintes: -Bebida não alcoólica. Sumo de fruta produzido a partir de agricultura biológica, pasteurizado. Com a maturação do mosto de uva, pode produzir tártaro de uva na garrafa, o que não é um produto de corrida. Valores nutricionais médios em 100 ml: Valor energético 303 kJ/ 73 kcal, proteína < 0,13 g, sacarídeos 17,1 g, dos quais açúcares 17,1g, gordura <0,1 g, dos quais ácido gordo saturado <0,001%, fibras <0,01%, sódio 0,00243g. Data de fabrico 20.9.2013.Durabilidade mínima até 31.12.2016. Produtor: Vinselekt Michelovsky a.s.-Lucni 858, Rakvice, CZ 69103.

Figura 12: Mosto de uvas Malverina 100 % bioproduto para o exame organolético

O segundo copo continha resveratrol + mosto de uva com uma concentração de 200 pg/ml.

Foram preparados 45 copos para 15 consumidores, 3 copos cada. Os copos foram cobertos com folha de alumínio para que os consumidores não reconhecessem a diferença de cor e a diferença de solubilidade à vista. Se o sumo natural for A e o resveratrol misturado com o sumo for B, existem 6 possibilidades de servir as amostras (AAB, ABA, BAA, BBA, BAB e ABB). Assim, os grupos A e B foram colocados aleatoriamente em tabuleiros de servir, tendo em mente servir nas 6 ordens possíveis acima referidas.

4.4 Amostras para servir

As amostras de volume 30 ml foram colocadas em copos de prova de vinho OIV (KOBERN, Dubnany, CZ) cobertos com folha de alumínio para evitar que o processo de decisão dos avaliadores influenciasse as alterações ópticas causadas pela adição de resveratrol. Os conjuntos de amostras foram servidos à temperatura ambiente de 20 ± 2^0 C. Foram apresentados 30 conjuntos de amostras aos provadores. 2 grupos - Resveratrol (200 pg/ml) e Sumo claro (100 % claro). Os sumos foram enchidos com 30 ml em cada copo. Com um número total de 15 consumidores e duas repetições por pessoa, obtivemos resultados totais para 30 avaliadores entre o grupo etário dos 20-25 anos. Dos quais 6 eram do sexo masculino e 9 do sexo feminino. Dos 15 consumidores, 13 eram saudáveis e 2 estavam constipados.

Figura 13- Copos de vinho cobertos com folha de alumínio com códigos no laboratório CZU

4.5 Painel de avaliadores

O painel de avaliadores para o teste do triângulo era constituído por 15 juízes não treinados, dos quais 9 eram do sexo feminino e 6 do sexo masculino, com idades compreendidas entre os 20 e os 25 anos. Cada juiz avaliou dois conjuntos de amostras com um intervalo de cerca de uma hora entre os conjuntos. Do total de 15 avaliadores, 14 eram estudantes e 1 era um membro do pessoal do sexo feminino. A hora da análise foi das 14:30 às 15:30.

4.6 Instruções aos avaliadores

As instruções orais dadas aos consumidores incluíam os seguintes pontos.

1. 3 copos com mosto de uvas
2. Provar os 3
3. 2 são semelhantes e 1 é diferente - Teste do triângulo
4. Observar para diferentes amostras.
5. Repetição da prova autorizada para uma única amostra e apenas uma vez
6. Preencher o formulário de avaliação (Quadro 2) para o teste triangular
7. Repetir os passos 1-6 na segunda ronda após 30 minutos com novas amostras

4.7 Recolha de dados

Foram dadas instruções escritas aos consumidores, apresentadas no quadro 3. Os consumidores deviam preencher os códigos do quadro nas colunas adequadas - 2 de sabor semelhante e 1 de sabor diferente. Após a primeira análise, foi feito um intervalo de 30 minutos e foram novamente servidas novas amostras.

Quadro 2 - Formulário de avaliação entregue aos paneslists sem formação

DISCRIMINATION TESTS- Triangle test			
Name-	Health-		
Date-	Time-		
Instructions- Among the 3 tested samples, choose the sample which is different. You can re-taste the samples until you write your answer. Write the codes if the same samples and the code of different samples to the table			
Triangle set number	Code of similar samples		Code of different sample
01			
02			

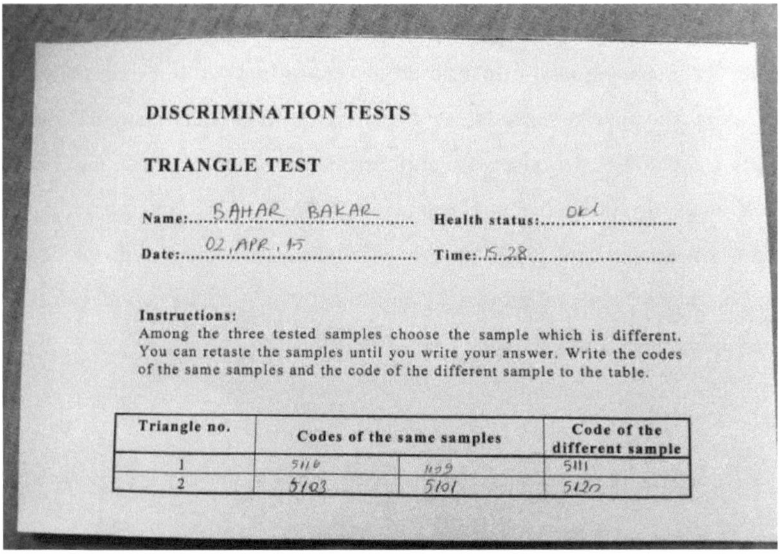

DISCRIMINATION TESTS

TRIANGLE TEST

Name: BAHAR BAKAR Health status: OK

Date: 02.APR.15 Time: 15.28

Instructions:
Among the three tested samples choose the sample which is different. You can retaste the samples until you write your answer. Write the codes of the same samples and the code of the different sample to the table.

Triangle no.	Codes of the same samples		Code of the different sample
1	5116	1109	5111
2	5103	5101	5120

Figura 14 - Exemplo de ficha de avaliação recolhida junto dos avaliadores após a degustação

5. Resultados

5.1 Resolução da solubilidade do resveratrol

Com base na atividade inibidora do crescimento do resveratrol contra os microrganismos responsáveis pela deterioração do vinho, foi selecionada a concentração de 200 mg/mL para os testes de avaliação sensorial. Infelizmente, o resveratrol apresenta uma solubilidade muito baixa no mosto. Por conseguinte, foram testados vários solventes para aumentar a solubilidade do resveratrol. No entanto, quando o resveratrol dissolvido foi adicionado ao mosto, começou a precipitar e a depositar-se rapidamente no fundo do tubo de ensaio. A tentativa de resolver o problema de solubilidade utilizando complexos de inclusão com ciclodextrina (4.2.1) também falhou. A solubilidade não melhorou significativamente, embora a concentração de resveratrol no complexo, medida por HPLC e quantificada através de uma curva de calibração linear (figura xx), tenha sido determinada em 35,12 pg/mL de complexo.

Finalmente, foi preparada uma dispersão de resveratrol no mosto a uma concentração de 200 mg/L para a avaliação sensorial. A dispersão foi melhorada com 0,5% de PEG, de modo a que o resveratrol permanecesse uniformemente disperso durante aproximadamente 5 minutos antes do início da sua lenta sedimentação. Este intervalo de tempo foi considerado suficientemente longo para a distribuição e avaliação de um conjunto de amostras. No entanto, por este motivo, as amostras tiveram de ser servidas imediatamente após o enchimento dos copos de prova com as amostras.

Figura 15 - Curva de calibração para a quantificação do resveratrol

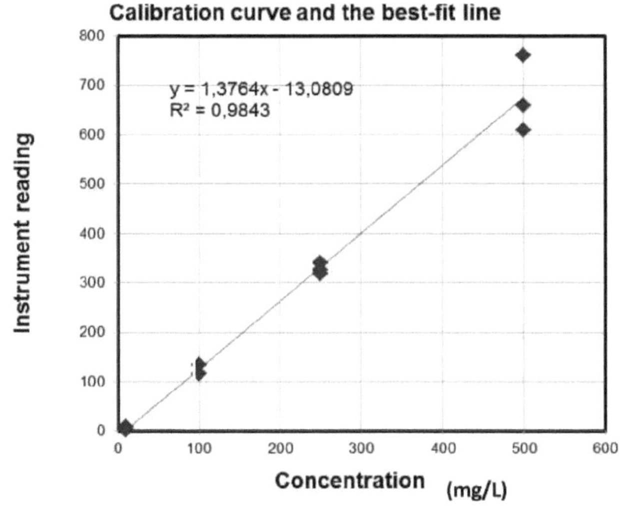

5.2 Análise sensorial

De acordo com a nossa tabela de referência para o teste triangular no Livro de Laboratório, Senzoricka Analyza Potravin; Pokorny J.,Valentova H., Pudil F.,1999; (Tabela 3.) o número mínimo de respostas positivas esperadas para 30 pessoas era de 17 respostas positivas com um nível de probabilidade de 99%, de modo a obter amostras estatisticamente significativas. Valores inferiores a 17, as amostras são insignificantes e valores superiores a 17 são significativos.

Quadro 3 - Quadro de referência de Senzoricka analyza potravin (Pokorny J.et al, 1999). Aqui n= número mínimo de respostas positivas para N=número total de avaliadores.

Celkový počet posudků N	Minimální počet kladných odpovědí n	Celkový počet posudků N	Minimální počet kladných odpovědí n	Celkový počet posudků N	Minimální počet kladných odpovědí n
5	5	21	13	37	20
6	6	22	14	38	21
7	6	23	14	39	21
8	7	24	14	40	22
9	7	25	15	41	22
10	8	26	15	42	22
11	8	27	16	43	23
12	9	28	16	44	23
13	9	29	17	45	24
14	10	30	17	46	24
15	10	31	18	47	25
16	11	32	18	48	25
17	11	33	19	49	25
18	12	34	19	50	26
19	12	35	19		
20	13	36	20		

Para calcular os valores de conclusividade ao nível de probabilidade de P=99%.

Dos 15 avaliadores, 9 eram mulheres e 6 eram homens. O nosso teste foi repetido duas vezes com amostras diferentes, pelo que o número total de mulheres passou a ser 9*2 = 18 e o número total de homens passou a ser 6*2= 12 homens. Das 18 mulheres, 11 responderam corretamente e 7 erraram. Já nos homens, a memória para recordar as amostras era baixa. De um total de 12 homens, apenas 5 responderam corretamente e 7 erraram.

Com base no nosso teste de discriminação (Quadro 2), comparámos os resultados com o Quadro 3 e criámos o Quadro 4.

Quadro 4 - Teste triangular - Aceitabilidade do número de respostas corretas

Total no. Of samples (N)	No. Of correct answers (n)	No. Of wrong answers	Probability of right answers	Test statistically conclusive or not At P =99 %
30	16	14	17	Not

Para 30 avaliadores, de acordo com a nossa tabela de referência 2, n=17 era o número mínimo de respostas positivas. No nosso caso, n=16, que é inferior ao valor de referência, mostra que as nossas amostras são estatisticamente insignificantes.

A 15 avaliadores apresentámos 2 conjuntos de triângulos. Aqui N= 30, dos quais obtivemos n=16 respostas corretas, valor inferior ao valor tabular correspondente n= 17. Assim, podemos concluir que, para N= 30 ao nível de P=99%, a diferença entre o resveratrol com sumo e o sumo natural é estatisticamente inconclusiva.

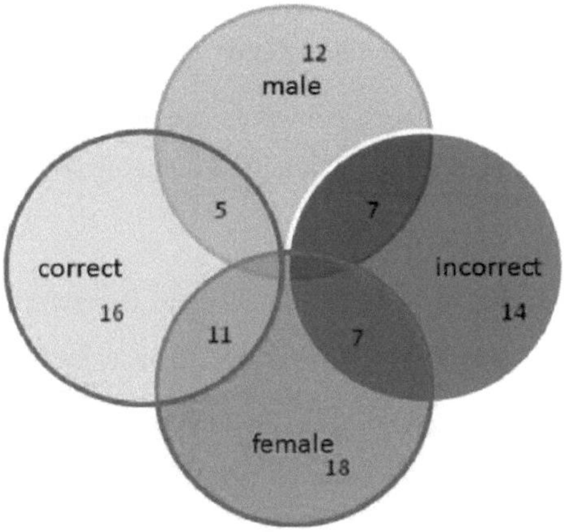

Figura 16 - Diagrama de Venn baseado na avaliação do género e nas respostas corretas / incorrectas. Aqui o número total de avaliadores é de 30, dos quais 12 eram homens e 18 mulheres. 5 homens responderam corretamente e 7 incorretamente. Por outro lado, das 18 mulheres, 11 responderam corretamente e 7 incorretamente.

De um total de 30 avaliadores, 53 % das respostas estavam corretas e 46 % estavam erradas. Uma vez que havia uma diferença visível entre as amostras com reseveratrol e sem reseveratrol, os avaliadores não foram capazes de a reconhecer. Tal pode dever-se ao facto de os copos estarem cobertos com folha de alumínio. Houve uma clara diferença na solubilidade. O sumo com reseveratrol era mais transparente do que o sumo puro.

6. Discussão

No nosso teste, selecionámos 30 estudantes sem formação. Seria melhor se este teste fosse feito com membros do painel com e sem formação e com outras caraterísticas. Este teste poderia ser feito mais tarde em diferentes grupos etários e comparar se os consumidores eram capazes de diferenciar os aditivos naturais do sumo normal ou não. Também pode ser aplicado a outros sumos, como o sumo de laranja, o sumo de uva e até o mosto de morango, o mosto de laranja, etc.

Os resultados também podem ser afectados pela hora da análise, uma vez que foi feita depois da hora de almoço, entre as 14h30 e as 15h30. Este teste pode ser feito mais tarde com mais avaliadores, por exemplo, 50, para obter mais resultados e obter dados estatisticamente suficientes. No nosso caso, obtivemos 53% de respostas corretas e 46% de respostas incorrectas, pelo que, se este teste fosse realizado com mais pessoas, poderíamos obter mais valores e comparar com diferentes grupos etários e de acordo com o sexo. Quando descrevemos este teste com base no género, verificámos que, dos 15 avaliadores, 9 eram mulheres e 6 eram homens. Das 9 alunas, apenas 4 responderam corretamente a todas as amostras. Por outro lado, os alunos do sexo masculino não foram capazes de reconhecer muitas amostras. Apenas 1 aluno do sexo masculino foi capaz de reconhecer corretamente todas as amostras. Verificou-se uma clara diferença ótica entre as amostras com resveratrol e as amostras com mosto claro. O sumo límpido era transparente e quando se adicionou resveratrol a densidade do sumo alterou-se e tornou-se mais densa.

A pasteurização e os conservantes convectivos reduzem significativamente o valor nutritivo dos sumos, razão pela qual as pessoas estão a aceitar os conservantes naturais. Este trabalho pode ser alargado, trabalhando em diferentes amostras com diferentes conservantes naturais e tendo em conta a aceitabilidade do consumidor. Nesta tese, provámos que o resevratrol pode ser utilizado como conservante natural na indústria alimentar porque é aceitável do ponto de vista sensorial. A sua percentagem depende da concentração de outros sumos, do pH e de outros factores. É importante na vida quotidiana do homem e conhecido por várias actividades biológicas, tais como antioxidante, antiviral, anticancerígena, antimicrobiana e anti-inflamatória. As suas várias formas podem ser utilizadas para curar doenças causadas por stress oxidativo e vírus letais.

Os compostos fenólicos vegetais, como o galato de epigalocatequina, apresentam efeitos in vitro com efeitos antioxidativos, imunomoduladores e antigenotóxicos, podendo ajudar a reduzir os danos no ADN. Os sumos conservados com polifenóis de cianidina e galato de epigalocatequina não apresentam acumulação de polifenóis no plasma. O consumo de sumos com estes conservantes aumenta a capacidade de resposta proliferativa dos linfócitos. O consumo de sumo aumenta o efeito antioxidante e reduz os danos oxidativos no ADN com funções celulares imunitárias estimuladas

Verificámos também que os vinhos têm uma atividade antioxidante mais elevada do que os sumos de uva e que os vinhos tintos são os que têm mais atividade antioxidante entre todos os vinhos. Esta atividade antioxidante é devida à capacidade de eliminação dos radicais livres. Alguns dos principais constituintes polifenólicos dos padrões, como a rutina, o ácido ferúlico, o ácido tânico, o ácido gálico, o resveratrol, o BHA, a quecetina e o ácido cafeico, permitem afirmar que a atividade de eliminação dos radicais livres do ácido gálico é mais elevada do que a da rutina, do ácido tânico e do ácido cafeico. Já a do resveratrol é a mais baixa. Os constituintes aromáticos podem ser caracterizados utilizando a microextracção em fase sólida do espaço livre (HS-SPME). A utilização de conservantes também tem um impacto nos frutos cozinhados.

Um conservante amigo do ambiente é praticamente bom quando a formulação não se desfaz no produto. Os conservantes convencionais podem ser normalmente utilizados em <0,1 % do ingrediente ativo, enquanto que os conservantes naturais podem ser > 1% para atingir a eficácia antimicrobiana e para um bom desempenho em termos de viscosidade, odor, cor, pH do produto.

Os extractos de óleos essenciais de Thymus kotschyanus e Carum copticum podem ser avaliados quanto à sua eficácia no controlo da podridão fúngica pós-colheita, uma vez que não revelaram qualquer impacto negativo na qualidade sensorial das uvas. Estes compostos podem ser utilizados na conservação para reduzir as perdas pós-colheita (Marandi R.J., 2010)

Os extractos de plantas antimicrobianas podem ser utilizados como alternativa às técnicas de conservação convencionais. Procurámos polifenóis naturais, antioxidantes já existentes na natureza. São naturais, pelo que não terão quaisquer efeitos secundários até e a menos que sejam tomados na dose recomendada. Alguns deles são a quercetina, o resveratrol, os extractos de alecrim, a luteolina, o galato de epigalocatequina e a rutina. Alguns conservantes adicionados utilizados e aprovados na UE variam entre E 200-299 (Espina L., 2014).

Efeitos in vitro do consumo de vinho tinto e de sumo de uva Efeitos in vitro do resveratrol , do ácido cafeico, do ácido gálico , da quercetina e da rutina sobre as actividades da NTPDase -nucleósido trifosfato difosfato , da adenosina desaminase (ADA) nas pateletas e na agregação plaquetária de ratos diabéticos induzidos por estreptozotocina. Testes in vitro com resvertrol , rutina, quercetina, ácido gálico, ácido cafeico diminuem a hidrólise das plaquetas em ratos diabéticos na presença de todos os polifenóis. Afirma-se que o sumo de uva e o vinho tinto e todos os polifenóis são capazes de modular a atividade das ectoenzimas. Pode ser utilizado como prevenção da anormalidade da agregação plaquetária e das complicações vasculares no estado diabético (Schmatz R., em 2013)

As normas ISO ajudaram-nos muito a realizar a nossa experiência. Teste triangular, explicando o procedimento para determinar as diferenças sensoriais perceptíveis ou a semelhança entre dois produtos (se existir). Este método foi mais eficaz do ponto de vista estatístico do que outros testes, como o teste duo-trio, porque tem uma utilização limitada no caso de produtos que apresentam fortes sabores de arrastamento. Este método é utilizado quando a diferença entre os produtos é desconhecida, ou seja, não há diferença entre as amostras e não há indicação dos atributos responsáveis pela diferença. É bom para produtos homogéneos. As alterações num produto são provocadas por ingredientes, processamento, embalagem, manuseamento e armazenamento, que podem ser testadas através de métodos de análise sensorial. A norma ISO ajudou os avaliadores a reconhecerem os sabores e a encontrarem as diferenças entre eles. Ensina os avaliadores a conhecerem e a familiarizarem-se com os diferentes tipos de testes de limiar, e também refere os aparelhos de vinho em copos de vinho para todas as caraterísticas organolépticas das amostras de vinho, como a cor, a limpidez, a solubilidade, o bouquet, o sabor, etc. [9]. [9]

Os flavonóides anticarcinogénicos, como a quercetina, o kaempferol, a miricetina, a apigenina e a luteolina, são normalmente utilizados em bebidas de fruta. Podem ser detectados por RP-HPLC, deteção UV. Os teores de flavonóides no vinho branco encontrados na literatura utilizada foram inferiores a 1 mg/l. Nos vinhos tintos e no sumo de uva, os teores de quercetina são inferiores a 5 mg/l. (Hertog M.G.L., 1993)

Pode também ser utilizado na termovinificação para produzir vinhos, utilizando métodos de transformação adequados e quantidades adequadas dentro dos limites da UE e de acordo com a aceitabilidade do consumidor.

7. Conclusão

Testámos o Resveratrol por análise sensorial, adicionando-o a 100% de mosto de uva biológico. O teste do triângulo foi selecionado como método de avaliação sensorial. As normas ISO e os livros de laboratório foram a nossa orientação para a realização dos testes. Por fim, comparámos os resultados de todos os avaliadores e contabilizámos a sua aceitabilidade à análise sensorial. Os resultados foram comparados com o livro de referência do laboratório. Para que se possa continuar a utilizar nas indústrias de sumos e conservar com este polifenol natural já existente nos vinhos. Os nossos resultados recolhidos junto dos avaliadores foram estatisticamente insignificantes, concluindo que os avaliadores não foram capazes de o diferenciar do sumo normal no teste sensorial triangular. Este facto indica que o resveratrol, se utilizado como aditivo, será aceitável para os consumidores pelo sabor. Uma vez que não foi recusado pelos nossos avaliadores, pode ser utilizado nos próximos dias na indústria alimentar. Podemos concluir que este teste triangular foi estatisticamente insignificante. Os consumidores não conseguiram reconhecer muita diferença entre as amostras adicionadas com resveratrol e sem resveratrol. No nosso teste, verificámos que, de 18 mulheres, 11 responderam corretamente e, de 12 homens, apenas 5 responderam corretamente.

Estes dados abrem novas possibilidades para adicionar aditivos naturais em sumos de fruta, mostos e até mesmo vinho, uma vez que, no nosso caso, as uvas são utilizadas nos três produtos. Esta tese pode ajudar as cadeias alimentares produtoras de sumos a ver a aceitação dos consumidores aos aditivos naturais, provando que já não precisam de conservantes sintéticos. E, para eles, os conservantes naturais são melhores do que os sintéticos, para a sua melhor saúde e para o prolongamento do prazo de validade dos sumos/mostos.

Bibliografia

1. http://www.hnkeyuan.com/antioxidants/resveratrol.html
2. http://www.webmd.com/heart-disease/resveratrol-supplements?page=2
3. http://www.discountjuicers.com/juicequality.html
4. https://www.food.gov.uk/science/additives/enumberlist#toc-2
5. Análise sensorial; Teste triangular; Organização Internacional de Normalização, Genebra, Suíça, 2004 (ISO 4120:2004).
6. http://home.czu.cz/linhart/ke-stazeni/
7. http://www.tetrapak.com/DocumentBank/White_paper_Optimized_Pasteurization.pd f
8. Análise sensorial -Metodologia-Método de investigação da sensibilidade do paladar-via- https://www.iso.org/obp/ui/#iso:std:iso:3972:ed-3:v1:en (ISO 3972:2011)
9. Aparelho de ensaio de vidro de vinho -via- http://www.iso.org/iso/home/store/catalogue_ics/catalogue_detail_ics.htm?ics1=67&ics2=240&ics3=&csnumber=9002. (ISO 3591:1977)
10. http://www.krepublishers.com/02-Journals/S-HCS/HCS-06-0-000-12-Web/HCS-06-3- 000- 12-Abst-PDF/S-HCS-06-3 -179-12-212-Waghray-K/S-HCS-06-3-179-12-212-Waghray-K-Tt.pdf
11. http://www.ehso.com/ehshome/aflatoxin.php
12. http://www.dow.com/microbial/pdfs/6974NatPreserve0512.pdf
13. http://en.wikipedia.org/wiki/List_of_countries_by_alcohol_consumption_per_capita
14. Figura 1 - Prensagem de uvas para produção de mosto - http://en.wikipedia.org/wiki/Must
15. Figura 2 - Segurança alimentar - http://cesutter.ucanr.edu/Youth_Development/Food_Safety/
16. Figura 3 Arsénio na natureza - http://commons.wikimedia.org/wiki/File:Arsen_1ljpg
17. Figura 4- Moeda do elemento - um exemplo do elemento Chumbo http://periodictable.com/Items/082.28/index.html

18. Figura 5- Fontes de metilmercúrio http://edequity.org/szlag.php?q=methylmercury-chloride&page=2

19. Figura 6 - vinho com sulfitos- http://www.sfexaminer.com/sanfrancisco/sulphur-dioxide-a-subtle-addition-to-most-wines/Content?oid=2182532

20. Figura 7 - Estrutura química da quercetina -http://en.wikipedia.org/wiki/Quercetin

21. Figura 8-Estrutura química da rutina- http://cs.wikipedia.org/wiki/Rutin#/media/File:Rutin.png

22. Figura 9 - Fontes de resveratrol - http://sanjosefuncmed.com/wp-content/uploads/2013/11/plant_sources_resveratol.jpg

23. Figura 10- Soro de noite - http://www.allure.com/beauty-products/skin/facial-anti-ager/2014/skinceuticals-resveratrol-b-e-antioxidant-night-serum-review

24. Figura 11-Cápsulas de suplemento de resveratrol- http://www.bestdietpillreviewsforwomen.com/resveratrol-customer-reviews-side- efeitos-relatório/

25. Figura 12 - Mosto de uvas Malverina 100 % bioproduto para o exame organolético

26. Figura 13 - Copos de vinho cobertos com folha de alumínio com códigos no laboratório CZU

27. Figura 14 - Exemplo de ficha de avaliação recolhida junto dos avaliadores após a degustação

28. Figura 15 - Curva de calibração para a quantificação do resveratrol

29. Figura 16 Diagrama de Venn baseado na avaliação do género e nas respostas corretas / incorrectas

30. Enqin Xia, Xiran He, Huabin Li, Shan Wu, Sha Li, Guifang Deng; Polifenóis na saúde e na doença humana; Capítulo 5, Actividades biológicas dos polifenóis das uvas; Vol 1, 2014, p.47-58.

31. 44.. Beard P.C.W., Ryan L.; Improving public health?:The roles of antioxidant-rich fruit and vegetables beverages; Food research International, Vol 44, Issue 10; 2011,p.3135-3148.

32. A.Santos A., Mauro S.M., Bravo E., Marquina D.; PMKT2 , A new killer toxin from *Pichia membranifaciens* and its promising biotechnological properties for control of the

spoilage yeast Brettanomyces bruxellensis; Microbiology 155; 2009; p. 624-634.

33. Anastasiadi M., Chorianopoulus N.G., Nychas G.J.E., Haroutounian S A.; Antilisterial activities of Polyphenol-rich extracts of Grapes and Vinification Byproducts; Journal of Agricultural and Food Chemistry; 57; 2009; p.457-463.

34. Bates R.P., Moris J.R., Crandall P.G.; Principles and practices of small - and medium - scale fruit juice processing; Chapter 7-General Juice processing principles - Juice spoilage; FAO Agricultural Services Bulletin 146; 2001, University of Florida, ISBN 92-5-104661-1.

35. Bekhit A.E.D., Geesink G.H., Iilan M.A., Morton J.D., Bickersatffe R.; The effects of natural antioxidants on oxidative processes and metmyoglobin reducing activity in beef patties; Food Chemistry; 81; 2003; p. 175-187.

36. Bhandari BR, D'arcy BR e Bich LLT; Efeito da relação entre o óleo de limão e a P-ciclodextrina na eficiência de inclusão da P-ciclodextrina e na retenção dos voláteis do óleo no complexo; Journal of Agricultral Food Chemistry; 1998; 46(4); p. 1494-1499

37. Bub A., Watzl B., Blockhaus M., BrivibaK., Leigibel U., Muller H., Pool Z.B.L., Rechkemmer G.; Fruit juice consumption modulates antioxidative status, immune status and DNA damage, 2003; Journal of nutritional biochemistry; Vol. 14; Issue 2; p. 90-98.

38. Bukvicki D., Gottardi D., Tyagi A.K., Vlejic M., Marin P.D., Vujisic L., Guerzoni M.E., Vannini L.; Extractos de hepática Scapania nemorea: Investigação sobre compostos voláteis no controlo da atividade antimicrobiana in vitro de Saccharomyces cerevisiae em sumo de fruta; LWT Food Science and Technology; 55; 2014; p.452-458.

39. Campo E., Ferreira V., Escudero A.,Cacho J.; Prediction of the wine sensory properties related to grape variety from dynamic-headspace gas chromatographyolfactometry data; Department of Analytical Chemsitry, Science faculty, Unversidad de Zaragoza, Spain, Journal of Agriculture and Food chemistry, Vol 53, Issue 14, July 2005; p.5682-5690.

40. Carbonell L.;Carbonell I.;Izquierdo L.;Testes triangulares. Número de discriminadores estimados pela regra de Bayes;Food quality and preference,Vol 18,Issue 1,Jan 2007,p.117- 120.

41. Creasy G.L., Creasy L.L.; Crop production Science in Horticulture 16; Grapes; 2009;

ISBN 13:9781845934019; p.7-8,233-235.

42. Cvejic J, Atanackovic M.; Processing and Impact on Active Components in Food-Ch- 60, Effect of Wine Production Techniques on Wine Resveratrol and Total Phenolics,2015;p.501-508.

43. Epina L., Gonzalo D.G., Pagan R.; Impacto dos óleos essenciais na aceitação do sabor do sumo de tomate, sopa de legumes ou hambúrgueres de aves; agosto de 2014; Journal of food science Vol. 79; Issue 8; p. S 1575-S1583.

44. Eunice B.; quais são alguns conservantes *naturais-via* http://www.livestrong.com/article/301425-what-are-some-natural-preservatives/; Artigo 301425; 2015.

45. F.Esch; Yeast in soft drinks and concentrated fruit juices; Brygmesteren 4; 1992; p. 920

46. Gollucke A.P.; Agiuar O. Jr.; Barbisan L.F.; Ribeiro D.A.; Uso de polifenóis de uva contra a carcinogênese: mecanismos moleculares putativos de ação usando sistemas de teste in vitro e in vivo; Journal of Medicinal Food; março de 2013; Vol 13; Edição 3; p 199205.

47. Guerreo F.R., Villar E.C.; Demonstrando a eficiência das substituições de dióxido de enxofre no vinho: A parameter review; Trends in food science & technology, Vol42, Issue 1, March 2015; p.27-43.

48. Gupta R.K.; SBP Handbook of Export Oriented Food Processing Projects, Capítulo 7- Processamento de outros produtos diversos; Preservação de sumos de fruta; 1993; p.310311

49. Hertog M.G.L., Hollman P.C.H., Vandeputte B.; Content of potentially anticarcinogenic flavoniods of tea infusions, wines, and fruit juices; 1993; Journal of agricultural and food chemistry; Vol. 41; Issue 8; p.1242-1246

50. Hui Y.H., Barta J., Cano M.P., Gusek T., Sidhu J.S., Sinha N.K.; Handbook of fruits and fruit processing; Blackwell Publishing; 2006, Chapter 23 - Grape juice; ISBN- 13:978-0-8138-1981-5; p. 420- 423.

51. Karlj M.B. Jug T., Komel E., Fajt N., Jarni K., Zivkovic J., Mujic I.; Cultivares de pêssego indiferentes a compostos aromáticos e efeito de conservantes no aroma final de frutas cozidas' Dez. 2014; Vol. 68; Edição 6; p. 767-779.

52. Lancet, Renaud S., Lorgeril M., D.; Wine alcohol platelets and the French paradox for coronary heart disease; 1992, 339; (8808); 1523-6.

53. Maalik A., Khan F.A, Mumtaz A., Mehmood A., Azhar S., Atif M., Karim S., Altaf Y., Tariq I.; Aplicações farmacológicas da quercetina e seus derivados - Uma breve revisão; sept.2014; Revista tropical de pesquisa farmacêutica, Vol. 13; Edição 9; p. 1561- 1566.

54. Marandi R.J., Hassani A., Ghosta Y., Abdollahi A., Pirzad A., Sefidkon F.; 2010; Óleos essenciais de Thymus kotschyanus e Carum copticum como conservantes botânicos para uvas de mesa; Journal of medicinal plants research; Vol. 4; Issue 4; p. 2424-2460.

55. Nguyen T.C.; Biological hazards in processed fruits and vegetables -Risk factors and impact of processing techniques; 2012; LWT-Food science and technology; Vol. 49, Issue 2, p.172-177.

56. Pasenitti G.M., Wang J.,Ho L., Zhao., Dubner L.; Role of resveratrol and other grape- derived polyphnenols in Alzheimer's disease prevention and treatment,Biochimia et Biophysica Ata (BBA)-Molecular basis of disease, outubro de 2014

57. Pimenta R.S., Silva J.F., Coelho C.M., Morais P.B., Rosa C.A., Correa A. Jr.; Controle integrado de Penicillium digitatum pela levedura predadora *Saccharomycopsis cratagensis* e bicarbonato de sódio em laranjas; Brazilian Journal of Microbiology ,41; 2009; p. 404-410.

58. Pokorny J.,Valentová H., Pudil F., Senzorická Analyza Potravin,Laboratorní cvicení; VSCHT, Praha 1999;ISBN 80-7080-278-2; p.20,Table 6.

59. Rogers L.L.; Sensory analysis for food and beverage quality control, A practical guide; Chapter4, Sensory methods for quality control,2010; ISBN 978-1-84569-951- 2;p.91.

60. Rompinelli E.M.G., Bencomo R.J.J., Ruiz G.A., Patán S.F., Pedro J., Bartolomé M.A.B., Moreno M.V.; A winery-scale trial of the use of antimicrobial plant phenolic extracts as preservatives during wine ageing in barrels; Universidad Autónoma de Madrid,Spain; Journal Food control;33;2013; p.440-447.

61. Roque M.J.R.;Ancos B.;Mareno C.S;Cano M.P.;Martinez P.E.;Bellsos O.M.; Impacto da matriz alimentar e do processamento na bioacessibilidade *in vitro* da vitamina C, compostos fenólicos e atividade antioxidante hidrofílica de bebidas à base de sumo de fruta;Journal of Functional foods,Vol 14, 2015;.p.33-43.

62. Sanches M.C., Larrauri J.A., Saura C.F.; Capacidade de eliminação de radicais livres e inibição da oxidação lipídica de vinhos, sumo de uva e constituintes polifenólicos relacionados, 1999; Food and research international , Vol. 32, Issue 6; p. 407-412.

63. Santos A., Marquina D.; Killer toxin of *Pichia membranifaciens* and its possible use as a biopreservative agent to control grey mould disease of grapevine; Microbiology150; 2004;p. 2527-2534.

64. Schmatz R., Mann T.R., Spanevello R., Machado M.M., Zanini D., Pimentel V.C.., Stefanello N., Martins C.C., Cardoso A.M., Bagatini M., Guiterres J., Leal C.A.M., Pereira L.B., Mazzanti C., Schetinger M.R>, Morsch V.M.; O consumo moderado de vinho tinto e sumo de uva modula a hidrólise dos nucleótidos de adenina e diminui a agregação plaquetária em ratos diabéticos induzidos por teptozotocina; março de 2013; Cell Biochemistry and Biophysics; Vol. 65; Issue 2; p. 129-143.

65. Sidhu D., Lund J., Kotseridis Y., Saucier C.; Methoxypyrazine Analysis and Influence of Viticuluture and Enological Procedures on their Levels in Grapes, Musts and Wines; p.485-502, 2013.

66. Trujillo S.L; Pena M.M.; Grau M.A.R.,; Belloso O.M.; Microbial and enzymatic stability of fruit juice-milk beverages treated by high intensity pulsed electric fields or heat during refrigerated storage; Food Control, vol 22,Issue 10, March 2011,p.1639- 1646.

More Books!

yes

I want morebooks!

Buy your books fast and straightforward online - at one of world's fastest growing online book stores! Environmentally sound due to Print-on-Demand technologies.

Buy your books online at
www.morebooks.shop

Compre os seus livros mais rápido e diretamente na internet, em uma das livrarias on-line com o maior crescimento no mundo! Produção que protege o meio ambiente através das tecnologias de impressão sob demanda.

Compre os seus livros on-line em
www.morebooks.shop

info@omniscriptum.com
www.omniscriptum.com

OMNIScriptum

MIX
Papier aus verantwortungsvollen Quellen
Paper from responsible sources
FSC® C105338

Printed by Books on Demand GmbH, Norderstedt / Germany